OBSERVATIONS

SUR PLUSIEURS

PLANTES NOUVELLES

RARES OU CRITIQUES

DE LA FRANCE,

PAR

ALEXIS JORDAN.

(Lues à la Société Linnéenne de Lyon,
séance du 15 Juillet 1846.)

DEUXIÈME FRAGMENT.

JUILLET 1846.

PARIS.

J.-B. BAILLIÈRE, LIBRAIRE,

Rue de l'Ecole-de-Médecine , 17.

LEIPZIG.

T. O. WEIGEL , RUE DU ROI.

1846.

F. A. TINANT.

N°

Lyon — Imp. Bunsculin et Bocet
quai St Antoine 73

OBSERVATIONS

SUR

PLUSIEURS PLANTES NOUVELLES,

RARES OU CRITIQUES DE LA FRANCE.

―――――――――

GENRE VIOLA.

Linné et la plupart des auteurs après lui, ont attribué au *Viola tricolor* une faculté de varier prodigieuse. Ils lui ont rapporté non seulement plusieurs *Viola*, à racine annuelle et à corolle élégamment nuancée de violet, de jaune et de blanc, qui sont d'un effet très-agréable dans les jardins, mais beaucoup d'autres encore, à parure plus modeste et de forme non moins variée, que l'on rencontre fréquemment dans nos champs. Pour eux, toutes ces plantes n'ont été que des modifications d'un type unique dues à l'influence du

climat, du sol, ou de circonstances particulières.
Cette opinion n'était certainement pas le résultat
d'expériences directes, car rien ne prouve que ces
expériences aient été faites ; mais, en présence
de formes nombreuses dont la similitude était frap-
pante, et dont les limites n'étaient pas aisées à
découvrir sur le sec, on a trouvé plus commode
d'en opérer la réunion et de n'admettre qu'une
espèce unique diversement modifiée. Cette appré-
ciation rapprochée des idées généralement reçues
sur la valeur et la limite des espèces, acquérait
d'ailleurs un haut degré de vraisemblance. Il est
certain que le champ de l'observation est si vaste
que nul ne peut se flatter de l'avoir épuisé entièrement, et qu'il reste toujours une foule de ques-
tions dont la solution n'est possible qu'autant
qu'on sait s'aider de l'analogie, en partant des
faits déjà observés, ou des opinions les plus accrédi-
tées. Ce procédé est éminemment scientifique. L'induction devance l'observation, et souvent l'é-
claire et la rend féconde ; mais bien loin qu'elle
puisse lui suppléer entièrement, elle a toujours
besoin de sa sanction ; car il est clair qu'elle tire
toute sa valeur des faits sur lesquels elle s'ap-
puie, qui peuvent être mieux connus, ou con-
tredits par d'autres faits. Je ne veux pas exa-
miner ici, au sujet du *Viola tricolor*, si l'opinion
qui lui accorde une faculté de varier si grande est

le résultat d'une induction légitime, fondée sur
des données certaines, sur des faits incontestables,
ou si elle n'a d'autre base qu'un préjugé tout-à-
fait sans valeur. Cette question d'une haute importance m'éloignerait trop de mon sujet, car elle
entraîne l'examen de ce que j'appellerai les idées
linnéennes, c'est-à-dire d'une foule de jugements
et d'opinions sur la valeur des espèces, et sur la
méthode à suivre pour les distinguer et les classer,
dont la diffusion est due surtout à l'influence de
Linné, et qui prévalent encore dans beaucoup
d'esprits. Ce que je veux faire voir seulement ,
c'est que cette opinion n'est pas confirmée par
l'examen, c'est que l'expérience lui est contraire.
Je parle ici de ma propre expérience dont je vais
indiquer les résultats, afin que chacun puisse en
juger.

Depuis plusieurs années, je cultive et sème ré-
gulièrement chaque année un certain nombre de
Viola qui seraient toutes à rapporter au *Viola tricolor*, si l'on doit s'en tenir à la description donnée par les auteurs, qui néanmoins sont faciles à
distinguer les unes des autres , quoique très-voi-
sines, et dont les caractères restent immuables. Je
n'ai jamais obtenu de mes semis de modifications
importantes, encore moins de ces transformations
merveilleuses dont on parle tant, et dont la réalité
me paraît plus que suspecte. Il est vrai de dire que

j'ai toujours semé, autant que possible, dans les conditions qu'offrirait la nature abandonnée à elle-même, en supprimant les engrais et toute chaleur factice, en un mot, toute cause d'excitation qui tendrait à faire sortir de leur état ordinaire quelques individus d'un même type. Les essais de culture pratiqués selon la méthode des horticulteurs pourront avoir, un jour, une grande utilité, quand l'état normal des espèces sera mieux connu ; mais je crois qu'au point où en est la science, ils ne peuvent servir qu'à rendre les difficultés inextricables, et qu'il importe, pour cela, de les éviter soigneusement. Sans doute, toutes les plantes, comme tous les êtres quelconques, sont susceptibles d'être modifiées plus ou moins, suivant le milieu qu'elles habitent ; mais toutes les fois que des plantes voisines par leurs caractères se trouvent placées dans des conditions identiques, et que les différences qui les séparent subsistent, considérées dans leur ensemble, je dis qu'elles doivent être regardées comme des espèces distinctes. Toutes les formes immuables et évidemment irréductibles sont, pour moi, des espèces. Je ne pense pas qu'on puisse raisonnablement se faire une autre idée de l'espèce, et en dehors de cette règle, je ne vois qu'arbitraire sans limite et qu'absence complète de certitude.

Comme je veux, pour le moment, me borner

à décrire les espèces dont la patrie m'est bien con-
nue et particulièrement les espèces françaises, je
ne dirai rien ici de divers *Viola* cultivés dans les
jardins, dont plusieurs offrent des caractères très-
remarquables ; je parlerai seulement de ceux
que j'ai pu observer moi-même dans leur lieu na-
tal et soumettre ensuite à l'épreuve de la culture.
La question de la nomenclature sera d'une solution
facile. Comme Linné et les auteurs qui ont décrit le
Viola tricolor, et ceux mêmes qui ont admis un *Viola
arvensis*, ne leur ont attribué que des caractères
vagues qui peuvent s'appliquer à des plantes différentes ; comme, d'ailleurs, ils n'ont pas eu en
vue une forme déterminée et précise , mais ont
toujours groupé plusieurs formes ensemble , il
devient inutile, si l'on veut distinguer plusieurs
espèces, de rechercher à laquelle appartient, à
l'exclusion de toute autre, le nom de *Viola tricolor*,
ou celui de *Viola arvensis* ; car il serait puéril, à
mon avis, de vouloir faire distinguer aux auteurs
ce qu'ils n'ont ni pu , ni voulu distinguer. Il fau-
drait , au moins, reconnaître quelle forme a été
généralement prise pour type, soit du *Viola tricolor* soit du *Viola arvensis* ; ce qui ne peut se faire,
plusieurs espèces distinctes ayant également joui
de ce privilége. La détermination des espèces ou
des variétés dont la limite n'est pas clairement
indiquée dans les descriptions, ne serait possible,

à la rigueur, que par la comparaison des échantillons dans les herbiers ; mais quand , par ce
moyen qui est souvent impraticable et n'est jamais à la portée de tous, on serait arrivé à une
conviction personnelle sur des faits en litige, on
ne pourrait néanmoins espérer de la faire adopter
sans contestation et sans réserve, et considérer la
question comme définitivement résolue ; car chacun sait que les erreurs, en fait de vérifications
sur le sec, sont facile à commettre, et que d'ailleurs les anciens herbiers n'en contiennent que
trop souvent, et par conséquent ne doivent pas
être pris pour base de la détermination des espèces, et pour règle de la critique. Je pense qu'il
convient de s'en tenir toujours et avant tout aux
descriptions, quand elles sont claires, et qu'il faut,
dans le cas où elles sont obscures , ou incom-
plètes, consulter les autorités, et suivre l'usage qui
a prévalu, sans jamais s'en écarter. Si, toutefois,
on ne peut rien trouver de positif dans les descriptions , si les autorités sont en désaccord, si
l'usage est incertain, je crois qu'il faut, sans hé-
siter, proposer des noms nouveaux. Telle est la
règle qui me paraît la meilleure et que je me propose de suivre invariablement. Je ne puis m'empê-
cher d'exprimer ici mon éloignement pour les opinions de plusieurs Botanistes du nord de l'Europe,
qui, sous prétexte de revenir aux véritables types

linnéens, changent les noms de plantes les plus universellement adoptés contre des noms nouveaux, pour faire passer le nom linnéen à des espèces rares, ou peu connues, que la critique a récemment signalées. On ne peut soutenir, avec quelqu'apparence de raison, que, si Linné n'a pas fait toutes les distinctions d'espèces admises aujourd'hui, ce n'est pas par suite d'idées systématiques, ou par la pente naturelle de son esprit, mais uniquement parce qu'il n'a connu que quelques formes et qu'il a fermé les yeux sur toutes les autres, même les plus communes. Ces admirateurs outrés du grand naturaliste suédois, bien éloignés de reconnaître la fâcheuse impulsion donnée par lui à la science, sous un certain rapport, ne peuvent même se soumettre à l'idée qu'on puisse le taxer d'erreur, ou lui imputer un seul faux jugement. Pour moi qui ne suis pas aussi disposé à croire à l'infaillibilité de Linné, je pense que les descriptions de cet auteur, nulles par elles-mêmes dans la plupart des cas, n'ont de la valeur que par suite de l'usage qui les a consacrées, et suis d'avis qu'on doit respecter cet usage, et qu'on ne saurait trop protester contre des tendances qui auraient pour effet d'ôter à la nomenclature botanique toute fixité.

J'arrive à la description des espèces que j'ai à faire connaître.

VIOLA PALLESCENS (N.) , pl. 1 , fig. A , 1 à 18.

Pédoncules deux fois plus longs que les feuilles, dressés-étalés, presque lisses, un peu rudes au sommet. Bractéoles placées immédiatement sous la courbure du pédoncule, lancéolées-oblongues, un peu aiguës, munies de chaque côté, vers leur base, d'un ou deux petits cils terminés par une glande, très-courts, souvent presque nuls ; et prolongées au dessous en appendice obtus, épaissi et appliqué sur le pédoncule. Sépales oblongs-lancéolés acuminés, rétrécis insensiblement depuis le milieu jusqu'au sommet, ciliés sur les bords, prolongés en appendices très-inégaux, ovales, tronqués, plus ou moins dentés, dressés en arrière et non étalés à la maturité du fruit. Pétales presque deux fois plus courts que les sépales ; les deux supérieurs oblongs, divergents, de couleur blanche uniforme ; les deux intermédiaires ovales-oblongs, blancs et sans stries ; l'inférieur cunéiforme et apiculé, d'un jaune pâle vers l'ombilic, blanchâtre et dépouvu de stries visibles au dessus. Eperon blanchâtre, linéaire, obtus, courbé en arc en dedans, presque cylindrique, égal à la moitié du pétale inférieur et dépassant un peu les appendices du calice. Anthères

ovales-elliptiques, à loges un peu écartées et divergentes du milieu à la base, à appendice large,
un peu plus court qu'elles, et décurrent sur le
bord extérieur des loges par une ligne de poils qui
finit ordinairement un peu au dessous du milieu.
Style brièvement coudé, très-près de sa base, et
redressé perpendiculairement. Stigmate plus court
que le style, élargi antérieurement, muni d'un
orifice assez large et, vers sa base, de cils allongés.
Capsule deux fois plus courte que les sépales du
calice, aussi large que haute, arrondie, obtusément trigone, à valves très-renflées sur le dos.
Graines au nombre de 8-12 dans chaque valve,
d'un brun clair, ovales-oblongues, longues de
1 1/3 mill. sur 2/3 mill. de large. Cotylédons ovales-
oblongs, obtus, contractés en pétiole à la base et
persistants. Feuilles d'un vert clair, un peu jaunâtre, planes, à pubescence courte et éparse,
souvent presque glabres, assez brièvement dentées; les inférieures ovales-elliptiques, obtuses,
plus ou moins crénelées, plus ou moins contractées en pétiole, à leur base; les caulinaires intermédiaires ovales-oblongues, aiguës, rétrécies à
leur base; les supérieures lancéolées, ou plus
étroites, très aiguës, à dents courtes, souvent
nulles. Stipules pinnatifides et ciliées, très-petites
dans la partie inférieure de la plante; les intermédiaires et supérieures à lobe terminal lancéolé-li-

néaire, muni de dents très-courtes, et á 3-4 lobes latéraux oblongs-linéaires, aigus, droits et écartés. Tige un peu pubescente dans le bas, presque glabre dans le haut, droite, très-simple, à angles peu saillants, haute de 1 à 1 1/2 déc. Racine annuelle, grêle, contournée, peu rameuse.

J'ai observé cette espèce dans les champs cultivés et aussi dans les lieux incultes des terrains primitifs à Bormes (Var) près Hyères. Elle s'est complètement naturalisée dans mon jardin, où elle se sème d'elle-même et en abondance. Elle fleurit en mai. Par la petitesse de sa fleur, elle se rapproche du *Viola occulta* Lehm.; mais cette dernière que j'ai obtenue de semis est une bonne espèce très-distincte. Elle est plus basse de taille ; ses pétales sont aussi courts, mais beaucoup plus larges; son éperon est comprimé, à peine courbé, très-petit et égalant à peine la moitié des appendices du calice qui sont larges et arrondis; ses feuilles sont presque entières et rétrécies en pétiole très-court; ses stipules très-petites ont le lobe terminal à peine égal au pétiole,

Viola segetalis (N.), pl. 1 , fig. B , 1 à 19.

Pédoncules allongés, étalés, souvent presque doubles des feuilles, lisses ou à peine un peu rudes au sommet. Bractéoles placées sur la cour-

bure même du pédoncule, ou immédiatement au
dessous, pourvues vers leur base, de chaque côté,
d'un cil terminé par une glande, et prolongées en
appendice ovale, obtus, épais, relevé et un peu
écarté du pédoncule. Sépales lancéolés, acuminés,
rétrécis insensiblement depuis leur tiers inférieur
jusqu'au sommet, un peu ciliés et prolongés en
appendices ovales, obtus, plus ou moins dentés
et étalés à la maturité du fruit. Pétales un peu
plus courts que les sépales ; les deux supérieurs
oblongs, un peu écartés l'un de l'autre, blanchâtres avec une tache d'un violet clair au sommet ; les deux intermédiaires elliptiques-oblongs,
de couleur blanche uniforme, et sans stries ; l'inférieur étroitement obové-cunéiforme, tronqué
au sommet, blanchâtre, jaune vers l'ombilic et
marqué en dessus de cinq stries violacées très-
courtes et souvent très peu visibles. Éperon
oblong-linéaire, obtus, droit, ou un peu courbé
en dedans, comprimé latéralement et dépassant
un peu les appendices du calice. Anthères ovales-
elliptiques, à loges divergentes du milieu à la base,
à appendice ovale, obtus, plus court qu'elles d'un
tiers, et décurrent latéralement par une bordure
de poils qui atteint leur base. Style assez largement coudé près de sa base, redressé presque
perpendiculairement, très-épaissi vers le haut.
Stigmate plus court que le style, en tête arrondie

aussi haute que large. Capsule arrondie-ellipti-
que, obtuse, à côtes très-peu saillantes, à valves
portant ordinairement de quinze à vingt graines
d'un brun-clair, ovales-oblongues, longues de un
millim. et demi sur deux-tiers de millim. de large.
Cotylédons ovales-elliptiques, très-obtus, contractés à la base en pétiole aussi long que le limbe et un
peu élargi vers le haut. Feuilles d'un vert peu
foncé, à dents assez ouvertes, très-finement pubescentes et ciliées, souvent glabriuscules ; les radi-
cales ovales, un peu obtuses, à limbe plus ou
moins rétréci en pétiole, et ordinairement plus
court que ce dernier ; les caulinaires inférieures
lancéolées, aiguës, rétrécies longuement aux deux
extrémités ; les supérieures allongées, étroites et
acuminées, un peu pliées en gouttières. Stipules
pinnatifides à 5-7 lobes ; les latéraux linéaires très-
aigus, droits et ouverts ; le terminal plus large et
plus allongé, lancéolé-linéaire, très-entier, ou rarement muni de quelques dents très-courtes. Tige
haute de deux à trois décim., presque glabre, très-
brièvement rude-pubescente dans le bas, un peu
ailée sur les angles, ordinairement très-ramifiée
dans sa partie inférieure, à rameaux dressés, peu
étalés, partant, les uns de la base même, les autres insérés à diverses hauteurs jusqu'au tiers inférieur de la tige principale, et formant avec elle
un angle très-aigu. Racine annuelle, à pivot droit,

ou contourné plus ou moins, muni de fibres éparses, souvent branchu à son extrémité, comme dans
les autres espèces voisines.

J'ai observé cette espèce aux environs de Lyon
où elle est assez commune dans les champs cultivés, à sol argileux, à Charbonnières, à Quincieux,
dans la Bresse, etc.

J'en ai rapporté des échantillons de la vallée
d'Argelez (Hautes-Pyrénées) qui sont conformes à
ceux de Lyon. Elle fleurit en mai, et souvent encore en août et septembre.

VIOLA AGRESTIS (N.), pl. 2, fig. A, 1 à 19.

Pédoncules étalés, dépassant peu les feuilles,
couverts sur les angles de très-petites aspérités.
Bractéoles placées toujours en dessous de la courbure du pédoncule, lancéolées, aiguës, à cils de
la base assez allongés et glanduleux, à appendice
épaissi et un peu relevé. Sépales oblongs-lancéolés, brièvement acuminés, rétrécis insensiblement
depuis leur tiers supérieur jusqu'au sommet, plus
ou moins ciliés et pubescents, à appendices un
peu étalés à la maturité du fruit. Pétales un peu
dépassés par les sépales, souvent denticulés aux
bords ; les deux supérieurs obovés-oblongs se recouvrant plus ou moins l'un l'autre dans leur

partie inférieure, de couleur claire, lilacée, rarement un peu bleuâtre, souvent presque blanche ;
les deux intermédiaires elliptiques-oblongs, un
peu tronqués au sommet, de même couleur que
les deux supérieurs, mais plus pâles, à veines quelquefois visibles, mais dépourvues de stries d'une
couleur différente ; l'inférieur obové-cunéiforme,
tronqué et faiblement émarginé au sommet, de
couleur blanche avec l'ombilic d'un beau jaune,
marqué en dessus de cinq ou quelquefois de sept
stries violettes, ordinairement assez distinctes.
Éperon oblong, obtus, comprimé, peu courbé,
égal à la moitié du pétale inférieur, et ne dépassant pas les appendices du calice, le plus souvent
coloré de lilas comme la fleur. Anthères ovales-
elliptiques, à loges légèrement écartées vers la
base depuis leur tiers inférieur, à appendice plus
court qu'elles de la moitié, très-élargi vers sa base,
et contracté au-dessus, décurrent par une ligne de
poils sur tous les bords extérieurs des loges. Style
brièvement coudé très-près de sa base, redressé
perpendiculairement. Stigmate arrondi, presque
égal au style en hauteur. Capsule ovale-oblongue,
obtuse, à côtes peu saillantes, un peu plus relevées vers les sutures que sur le dos des valves.
Graines nombreuses, au nombre de vingt environ, dans chaque loge, et de soixante en tout dans
la capsule. Cotylédons exactement elliptiques, très-

obtus, contractés en pétiole égal au limbe. Feuilles
d'un vert assez foncé et un peu cendré, crénelées, vi-
siblement pubescentes ; les primordiales et les caulinaires inférieures ovales, obtuses, contractées en
pétiole égal au limbe, ou plus long; les caulinaires
intermédiaires ovales-elliptiques, ou oblongues, un
peu obtuses, rétrécies en pétiole ; les supérieures
plus étroites, lancéolées, plus longuement atténuées aux deux extrémités, un peu aiguës, très-
pliées en gouttière. Stipules pubescentes et ciliées,
presque palmatifides dans le bas de la plante,
pinnatifides dans le haut, à 5-7 lobes ; les latéraux droits, linéaires et un peu aigus ; le terminal
très-grand, ovale, obtus, crénelé et tout-à-fait semblable aux feuilles dans le bas de la plante, plus
étroit que celles-ci dans les stipules intermédiaires, et souvent presque entier dans les supérieures.
Tige ramifiée dès la base, à rameaux très-étalés,
point ascendants, ordinairement flexueux et con-
tournés aux articulations qui sont très-rappro-
chées, couverts d'une pubescence courte, à angles
saillants, mais non ailés, longs de un à un et demi
décim. Racine annuelle, à pivot ramifié et garni
de fibres très-fines et très-nombreuses.

Cette espèce croît communément dans les
champs cultivés, à sol d'alluvion, aux alentours de
Lyon, aux Brotteaux, à Villeurbanne et dans le
lieu même consacré à mes expériences de culture

2

où je l'ai trouvée spontanée. Elle fleurit en mai et presque tout l'été.

VIOLA NEMAUSENSIS (N.), pl. 1 , fig. C , 1 à 18.

Pédoncules presque lisses, dressés-étalés, deux à trois fois plus longs que les feuilles. Bractéoles placées immédiatement sous la courbure, lancéolées, souvent colorées en bleu violacé de même que le sommet du pédoncule; à cils de la base assez larges et dentelés, à appendice très-court appliqué sur le pédoncule. Sépales lancéolés, acuminés, rétrécis depuis le milieu, ciliés aux bords, à appendices peu étalés à la maturité. Pétales un peu plus longs que les sépales ou de même longueur; les deux supérieurs obovés-oblongs, un peu écartés, de couleur bleuâtre quelquefois blanche; les deux intermédiaires obovés-elliptiques, assez semblables aux deux autres par la forme et la couleur; l'inférieur obové, un peu échancré au sommet, de couleur bleue avec l'ombilic jaune, et cinq ou rarement sept petites stries d'un bleu plus foncé, souvent peu visibles. Éperon assez large, oblong, obtus, peu comprimé, courbé en dedans, dépassant les appendices du calice, égal à la moitié du pétale inférieur, et ordinairement coloré, bleuâtre. Anthères ovales-elliptiques, à loges un peu divergentes à la base, à ap-

pendices décurrents par une ligne de poils sur
leurs bords externes jusqu'au dessous du milieu.
Style brièvement coudé à la base, un peu plus long
que le stigmate et médiocrement épaissi vers le
haut. Capsule ovale-arrondie, obtuse, à côtes peu
saillantes. Graines au nombre de douze à quinze
dans chaque valve, d'un brun clair, longues de un
millim. et quart sur deux tiers de millim. de large.
Cotylédons ovales-oblongs, obtus, contractés en
pétiole. Feuilles assez petites, à crénelures larges
et arrondies, toutes plus ou moins hérissées de
petits poils ainsi que les pétioles, les stipules et
la tige ; les primordiales et caulinaires inférieures
ovales ou elliptiques, très-obtuses, à limbe contracté en pétiole, et souvent un peu en cœur à la
base ; les caulinaires intermédiaires elliptiques ou
oblongues-spatulées ; les supérieures plus étroites,
toutes plus ou moins obtuses. Stipules presque
palmatifides, à 7-9 lobes ; les latéraux linéaires,
obtus, rétrécis à leur base ; le terminal large, spa-
tulé ou oblong, denté. Tige de 5-10 centim., simple, quelquefois rameuse, à rameaux étalés, ascendants, flexueux, hérissés, surtout dans le bas, de
petits poils très-serrés, assez raides et un peu diri-
gés en arrière. Racine grêle, annuelle, à pivot
simple, ou un peu ramifié.

J'ai observé cette espèce sur les collines et dans
les champs, aux environs de Nîmes, au pont du

Gard, à Jonquière, à Bellegarde, etc. Elle fleurit en avril.

Le *V. parvula* Tin. — Guss. Syn. fl. sic. 1, p. 257. — *V. tricolor* var. *bellioides* D C. Prod. 1, p. 304. se distingue du *V. nemausensis* par des caractères bien tranchés. Ses feuilles inférieures de forme presque orbiculaire sont très-entières, et ses stipules trifides ; ses sépales sont ovales, obtus ; ses pétales jaunâtres, avec l'ombilic bleu, et l'éperon extrêmement court ; sa capsule égale le calice. Toute la plante est beaucoup plus petite. J'ai vu dans l'herbier de M. Seringe des échantillons, sous le nom de *V. tricolor* var. *bellioides* D C., qui me paraissent très-différents soit du *V. parvula*, soit du *V. nemausensis* ; d'où je conclus que le nom de *V. parvula* Tin. a été probablement appliqué à des espèces différentes ; mais la description donnée par Gussone dans son excellent *Synopsis floræ siculæ*, v. 1, p. 257, ne me paraît laisser aucun doute sur les caractères du véritable *V. parvula* Tin. Cette dernière espèce croît en Corse, d'où je l'ai reçue de M. Clément.

Viola gracilescens (N), pl. 2, fig. B, 1 à 18.

Pédoncules lisses, très-allongés, deux ou trois fois plus longs que les feuilles, d'abord tout-à-fait droits et parallèles à l'axe de la tige, à la fin un peu étalés. Bractéoles placées sur la courbure,

ou très-peu en dessous, lancéolées, munies de cils
assez longs, terminés par une petite glande, et d'un
appendice très-court, appliqué sur le pédoncule ;
souvent colorées de violet comme ce dernier. Sépales lancéolés, assez longuement acuminés, rétrécis depuis leur tiers inférieur, quelque peu ciliés,
à appendices étalés à la maturité du fruit. Pétales
dépassant un peu les sépales, ou de même longueur, denticulés sur les bords ; les deux supérieurs obovés-oblongs, contigus, ou se recouvrant
en partie par leurs bords vers le bas, écartés vers
le haut, d'un beau violet avec leur tiers inférieur
d'un blanc jaunâtre ; les deux intermédiaires elliptiques-oblongs, de couleur jaunâtre, uniforme,
avec une strie peu marquée ; l'inférieur obové-cunéiforme, tronqué, de couleur jaune pâle, plus
foncée vers l'ombilic, marqué en dessus de 5 stries
violacées assez longues et peu visibles. Eperon
oblong, obtus, un peu courbé, peu comprimé, dépassant les appendices, et le plus souvent coloré
de violet. Anthères ovales-elliptiques, à loges peu
divergentes, à appendice décurrent par une ligne
poilue jusqu'à leur base et plus court que la moitié
de l'anthère. Style brièvement coudé, perpendi-
culaire. Stigmate orbiculaire, plus court que le
style. Capsule ovale-arrondie, à côtes peu saillantes.
Graines ovales-oblongues, longues de 2 mill., sur
1 mill. de large, au nombre de 15 environ dans

chaque loge. Cotylédons ovales-elliptiques, contractés en pétiole. Feuilles d'un vert peu foncé, pubescentes, ou glabriuscules, finement ciliées, à crénelures profondes ; les inférieures ovales, contractées en pétiole, ou un peu en cœur à la base; les intermédiaires ovales-oblongues, un peu aiguës ; les supérieures plus étroites et plus aiguës, plus ou moins pliées en gouttière. Stipules pinnatifides à 7-10 lobes ; le terminal denté et très-large, surtout dans les stipules inférieures ; les latéraux linéaires, ou lancéolés-linéaires, aigus, rapprochés, souvent un peu courbés en faux. Tige de 1 à 2 déc., simple, ou le plus souvent rameuse dès la base, à rameaux couchés inférieurement, puis redressés, assez raides. Racine annuelle, à pivot simple, ou ramifié, muni de fibres éparses peu nombreuses.

Cette plante croît aux environs de Lyon dans les terres argileuses et les bois humides. Je l'ai observée à Tramoy et à St-André-de-Corcy (Ain). Elle fleurit en avril et mai.

D'après l'examen des échantillons de l'herbier de M. Seringe désignés sous le nom de *V. tricolor* var. *gracilescens* DC., et provenant de la Suisse, j'ai lieu de croire que la plante que je viens de décrire est la même que celle qui est signalée, sous ce nom de variété, dans le Prodromus de de Candolle, v. 1, p. 304, et dans le Flora helvetica de Gaudin, vol. 2, p. 210. C'est pourquoi je l'ai nommée *V. gracilescens*.

Je vais maintenant résumer succinctement les
caractères des cinq espèces que je viens de décrire,
afin d'en faire la comparaison, et de marquer la
limite qui les sépare aussi nettement qu'il me sera
possible.

Le *V. pallescens* se reconnaît, au premier aspect,
à ses très-petites fleurs, son feuillage d'un vert
pâle, et ses tiges toujours simples et pauciflores.
J'en ai observé un très-grand nombre d'exemplaires, et n'en ai point trouvé de rameux. Ses
feuilles sont ordinairement planes et toujours bien
plus courtes que celles du *V. segetalis* ; les supérieures sont peu dentées, souvent presque entières.
Ses stipules n'ont jamais plus de trois à cinq lobes
droits, étalés, aigus ; les inférieures sont très-petites, et n'ont pas le lobe terminal élargi et semblable aux feuilles, comme dans plusieurs autres
espèces. Ses bractéoles ont leur appendice appliqué sur le pédoncule, ce qui n'a pas lieu dans le
V. segetalis et dans d'autres. Sa fleur est fort petite,
toujours blanche, avec le pétale inférieur tronqué,
apiculé, et l'éperon courbé, un peu saillant, presque cylindrique. Sa capsule est extrêmement re-
marquable par sa forme globuleuse et obtusément
trigone : elle est deux fois plus courte que les
sépales du calice, et ne contient qu'un petit
nombre de graines, de 20 à 25. Ces caractères si
tranchés, indépendamment des autres différences

que j'ai signalées plus haut, suffisent parfaitement pour reconnaître cette espèce, et ne jamais la confondre avec aucune de ses quatre congénères.

Le *V. segetalis* se distingue de tous les autres par son port élancé, et ses rameaux nombreux qui partent de la partie inférieure de la tige, à différentes hauteurs, et forment avec elle un angle très-aigu. Ses feuilles inférieures sont peu obtuses, le plus souvent un peu aiguës, avec un petit mucron terminal; les intermédiaires sont très-allongées, longuement rétrécies aux deux extrémités, ainsi que les supérieures qui sont acuminées. Ses stipules sont toujours beaucoup plus courtes que les feuilles, ayant toutes, même les inférieures, leur lobe terminal entier, ou presque entier, et assez étroit. Ses pétales supérieurs ne se recouvrent pas l'un l'autre, et sont marqués au sommet d'une tache d'un bleu plus ou moins foncé, qui manque rarement : l'éperon est toujours assez comprimé latéralement, et peu saillant. Sa capsule est un peu plus longue que large, mais plus petite que celle du *V. agrestis*, et contient rarement plus de 45 graines, de forme oblongue, deux fois aussi longues que larges.

Le *V. agrestis* est couvert dans toutes ses parties d'une pubescence courte, mais très-visible, qui lui donne un aspect cendré. Il est ordinairement très-rameux, à rameaux partant tous de la base, très-étalés, et flexueux aux articulations. Ses feuilles inférieures et intermédiaires sont ovales, ou elliptiques, obtuses, à crénelures assez profondes ; les supérieures sont un peu aiguës et plus ou moins pliées en forme de gouttière. Ses stipules inférieures sont presque palmatifides, à lobe du milieu très-grand, se confondant presque avec les feuilles par sa forme et ses dentelures : il diminue beaucoup de grandeur dans les stipules intermédiaires et supérieures qui deviennent pinnatifides. Ses sépales sont moins acuminés que dans les autres espèces, et ses bractéoles placées plus bas. Ses pétales sont de couleur lilas clair, devenant plus ou moins blanchâtres, dans les fleurs tardives ; les supérieurs se recouvrent toujours plus ou moins l'un l'autre, et l'inférieur est souvent un peu émarginé. Sa capsule est elliptique, notablement plus longue que large, à graines très-nombreuses, 60 environ, et de forme plus ovale que celles du *V. segetalis*.

Le *V. nemausensis* est bien plus petit que tous les autres auxquels j'ai à le comparer. Sa taille atteint rarement 1 déc. Il est ordinairement très-hérissé de poils, surtout dans sa partie inférieure. Ses feuilles toutes très-obtuses, ses stipules à lobes également obtus, le distinguent parfaitement, soit du *V. agrestis*, soit du *V. gracilescens*. Il s'éloigne trop des *V. vegetalis* et *pallescens* pour qu'il puisse être

confondu avec eux, sous quelque forme qu'ils se
présentent. Ses pédoncules sont trois fois plus longs
que les feuilles, et non pas seulement un peu plus
longs, comme dans le *V. agrestis*. Ses sépales sont
aussi plus acuminés que dans cette dernière espèce. Ses fleurs sont de couleur bleue et non lilacée;
elles dépassent un peu le calice; le pétale inférieur
est assez largement obové, et l'éperon saillant. Sa
capsule est ovale-arrondie, avec des graines plus
petites et moins nombreuses que dans le *V. agrestis*.

Le *V. gracilescens* se reconnaît à ses rameaux
plus ou moins couchés à leur base, puis redressés,
assez raides. Ses feuilles sont remarquables par
leurs crénelures profondes; elles sont généralement
de forme plus ovale et moins obtuse, dans le bas
de la plante, que celles du *V. agrestis*. Ses stipules sont découpées en lobes plus nombreux que
dans les autres espèces, et aussi moins droits, un
peu courbés en faux: la forme du lobe terminal
diffère peu de celle du *V. agrestis*. Ses sépales sont
très-acuminés comme dans le *V. nemausensis*, et
ses bractéoles placées de même sur la courbure du
pédoncule qui est aussi très-allongé, mais dressé,
raide, et fort peu étalé à la maturité. Ses pétales
sont plus grands que dans les autres espèces, colo-
rés de jaune et d'un beau violet, à stries bien plus
marquées. Sa capsule est ovale-arrondie, assez
courte. Ses graines sont plus grosses que celles des

quatre espéces qui précèdent, et environ deux fois aussi longues que larges.

Je dois faire observer que dans ces diverses espèces de *Viola* dont j'ai décrit l'état normal, les
fleurs sont sujettes à varier de grandeur et tendent
toutes, plus ou moins, à passer à la couleur blanche, comme cela se voit d'ailleurs dans presque toutes les espèces du genre. En les cultivant en pot, et
en les laissant privées quelque temps d'humidité,
on voit les fleurs pâlir et diminuer sensiblement
de grandeur. Quelquefois même, les pétales supérieurs avortent, ce qui ne les empêche pas de
fructifier. Ces variations sont au reste de peu d'importance, et ne peuvent arrêter l'observateur expé-
rimenté qui s'en rend facilement compte sur le
terrain.

Les graines, dans les *Viola* que je viens de décrire,
sont, comme on l'a vu, bien loin d'être identiques.
Elles présentent, à la vérité, au premier aspect,
une grande similitude; mais si l'on observe avec
une attention minutieuse leurs formes et leurs dimensions exactes, en mesurant leur longueur et
leur largeur extrême, on arrive à trouver des différences très-appréciables. Si l'on remarque, en même temps, que dans les autres espèces de la même
section considérées comme très-distinctes, telles
que les *V. sudetica* W, *calcarata* L, *cenisie* All. etc,
les graines présentent la même similitude et des

différences tout aussi légères, on est conduit à admettre que ces différences, quelque légères qu'elles soient, ont une très-grande importance, puisqu'elles séparent des espèces véritables; et de ce fait, que toutes les espèces connues diffèrent par leurs graines, on peut très-bien conclure qu'il en sera de même de toutes celles qui pourront être signalées; de telle sorte que l'étude des graines qui ne semblent d'abord donner aucun résultat, peut devenir d'un secours très-utile et fournir en quelque sorte la clef du genre. En effet, s'il est question d'étudier une nouvelle forme de *Viola*, il suffira d'avoir constaté que ses graines diffèrent de celles des espèces voisines, pour être assuré qu'elle mérite un sérieux examen; et dans le cas contraire, on aura acquis presque la certitude qu'elle ne doit pas être élevée au rang d'espèce.

Je crois à propos de donner ici les dimensions exactes des graines du *V. vivariensis* et des autres espèces voisines dont j'ai parlé dans mon *premier fragment d'observations*.

V. vivariensis (N) de la champ-Raphaël, près Entraigues (Ardèche); graine, longueur extrême 2 mill., largeur extrême 3/4 mill..

V. rothomagensis Desf. de Rouen; graine, long. extr. 1 3/4 mill., larg. extr. 5/6 mill.

V. declinata W. et Kit. de Corni di Canzo (Suisse italienne); graine, long. extr. 2 mill., larg. extr. 5/6 mill.

V. sudetica W ? des montagnes du Forez, à Pierre-sur-haute (Loire) ; graine, long. extr. 1 1/2 mill. , larg. extr. 1 1/5 mill.

V. sudetica W ? du mont Lozère (Lozère) ; graine, long. extr. 2 mill. , larg. extr. 1 mill.

Obs. C'est le *V. sudetica* de Pierre-sur-haute dont j'ai donné les caractères, en le comparant au *V. vivariensis* dans ma description de cette dernière espèce. J'en possède des exemplaires vivants que j'ai rapportés en 1843 de la montagne de Pierre-sur-haute, où elle abonde. Le *V. sudetica* du mont Lozère qui est le même que celui du mont Mézin est peut-être une espèce différente ; je l'ai obtenu de semis tout récemment, mais ne l'ai pas encore vu fleurir. Les *V. lutea* d'Angleterre, des Vosges, du Jura et des Alpes, sont probablement autant d'espèces distinctes, qui méritent de fixer l'attention des observateurs, et particulièrement des observateurs qui cultivent.

Les *Viola* de la section à stigmate urcéolé sont encore si imparfaitement connus, qu'il n'est guère facile de les distribuer par groupes basés sur leurs affinités réelles, et de mettre chaque espèce à sa véritable place. Pour que les espèces puissent être classées convenablement, il importe que leurs caractères soient bien connus, et pour les connaître, il faut les étudier. Mais si l'on commence par rassembler arbitrairement autour d'un prétendu type, d'une sorte d'axe idéal, toutes les formes qui paraissent voisines, quoiqu'elles soient peut-

être au fond radicalement distinctes ; si l'on admet
sans examen et sans preuves ce qui devrait, au
contraire, être appuyé sur des expériences directes, sur des preuves concluantes, que toutes ces
formes appartiennent à un même type, il en résulte que leur étude ne peut faire aucun progrès,
car s'il est reconnu en principe qu'il n'y a pas de
limite qui les sépare, il devient parfaitement inutile de chercher une limite qui ne peut pas exis-
ter. Selon moi, rien n'est plus contraire au progrès de la connaissance des espèces, et par conséquent aux progrès des classifications et de la
science en général, qu'une pareille méthode. Sans
chercher des exemples dans d'autres genres, comme
j'aurai occasion de le faire plus tard, je pense qu'il
serait facile de démontrer , ainsi que je l'ai fait
pour le *V. tricolor* L., que plusieurs espèces distinctes sont confondues sous le nom de *V. sudetica* W., *lutea* Smith, qui est généralement regardé
comme très-variable.

Cette opinion que de Candolle exprimait déjà
avec doute dans sa *Flore française,* v. 5, p. 619,
s'est changée pour moi en certitude, et je tâche-
rai de la justifier prochainement aussitôt que j'aurai pu compléter mes observations sur quelques
espèces.

Si l'on tient compte particulièrement de la durée
de la racine, du mode de végétation, de la forme

des cotylédons et aussi de l'aspect général et de l'habitat, je crois qu'on peut diviser en trois groupes assez naturels les espèces dont j'ai eu occasion de parler. Dans le premier groupe se placent les espèces à racine véritablement annuelle, comme celles que je viens de décrire, savoir : les *V. pallescens*, *segetalis*, *agrestis*, *nemausensis* et *gracilescens*, ainsi que les *V. parvula* Tin, et *occulta* Lhem, sans parler de beaucoup d'autres qui sont encore à débrouiller. Tous ces *Viola* ont les cotylédons contractés et non rétrécis en pétiole à leur base ; l'axe principal des tiges est très-prompt à se développer, et si l'on voit naître quelquefois des bourgeons adventifs près du collet de la racine, ils sont peu nombreux et ne donnent pas à la plante un aspect cespiteux. Les feuilles et les stipules supérieures sont en général très-différentes des feuilles et des stipules inférieures. Ces espèces croissent pour la plupart dans les champs des pays de plaines, et en général dans les régions chaudes ou tempérées.

Dans le second groupe, je placerai les *Viola rothomagensis* Desf., *Vivariensis* (N.), et *declinata* W. et Kit. Ces espèces ne sont, pour ainsi dire, ni annuelles, ni bisannuelles, ni vivaces. En effet, elles fleurissent ordinairement dès la première année de leur existence, et si elles vivent plus d'une année, leur racine n'en a pas

mois l'aspect d'une racine annuelle et ne ressem-
ble en rien à une rhizome qui vit et se développe
sous terre chaque année. Elle donne naissance,
vers son collet, à un grand nombre de bourgeons
dont le développement est peu inégal, ce qui
donne à la plante un aspect très-cespiteux, surtout quand elle croît isolée. Lorsqu'une ou plusieurs
tiges meurent et se dessèchent, elles sont immédiatement remplacées par d'autres, jusqu'à ce
que la racine soit épuisée, ce qui arrive ordinairement après la seconde année. Les cotylédons
sont toujours plus ou moins rétrécis en pétiole,
et non brusquement contractés, comme dans les
espèces du groupe précédent. Les feuilles et les
stipules sont aussi plus semblables, quoique rétrécies de même, dans le haut de la plante. On trouve ces espèces dans les pays montagneux et un
peu froids. Quelques-unes sont véritablement subalpines. Elles aiment les champs rocailleux, les
bords des sentiers plutôt que les prairies où elles
seraient étouffées par les plantes plus vivaces.

A ce groupe appartient le *V. tricolor* var. *alpestris* D. C. qui doit être regardé comme une espèce distincte, et que l'on trouve abondamment
dans les régions subalpines des Alpes. Sa fleur
diffère peu par la forme et la grandeur de celle du
V. rothomagensis, mais elle est presque toujours
jaune; les pétales intermédiaires n'ont qu'une

seule strie, bleuâtre, très-petite, et l'inférieure
en a cinq. Ses feuilles sont ovales, ou ovales-
oblongues, obtuses, peu ou point en cœur à la
base, brièvement pétiolées, à pétiole toujours un
peu élargi vers le haut. Ses stipules ont les lobes
très-nombreux, 8-10, droits, obtus; le terminal
large, denté, et assez semblable aux feuilles. Toute
la plante est couverte d'une pubescence très-
courte; elle est très-rameuse et diffuse dès la base,
à rameaux ascendants, flexueux. La forme de ses
stipules la rapproche des espèces du premier
groupe, notamment du *V. gracilescens* ; mais
ses autres caractères l'en éloignent. Elle marque
le passage d'un groupe à l'autre.

J'ai recueilli sur le mont Canigou (Pyr. Or.)
une espèce voisine de cette dernière, mais certainement différente. Ses feuilles sont d'un vert
très-pâle, à crénelures plus larges ; les inférieures
sont cordées à la base, les supérieures sont aiguës
ainsi que les stipules dont le lobe terminal est
bien moins élargi et presque entier. Les fleurs
sont grandes, d'un jaune très-pâle et dépassent
aussi beaucoup les sépales ; leur éperon est épais,
long, conique, obtus et très-droit, tandis, que
dans la précédente il est plus ou moins courbé, et
plutôt égal que conique. Ses sépales sont aussi
bien plus acuminés, et sa capsule plus petite
et plus arrondie. Je n'ai pas vu de graines bien

mûres ni de l'une, ni de l'autre espèce. La première doit naturellement conserver le nom de *V. alpestris*, et je désignerai la seconde sous le nom de *V. flavescens*.

J'ai reçu de M. Sagot une autre espèce de *Viola* provenant des Cévennes et voisine des *V. rothomagensis* et *vivariensis*, mais très-distincte que je nommerai *V. Sagoti*. Elle s'éloigne, au premier aspect, du *V. rothomagensis* par sa pubescence très-courte, et par la forme de ses feuilles et de ses pétioles. Dans le *V. rothomagensis* qui est très-hispide, les feuilles sont ovales, ou ovales-oblongues à crénelures arrondies, presque toujours distinctement en cœur à la base, et pourvues d'un long pétiole étroit et très-égal, caréné en dessous, nettement canaliculé en dessus, deux fois plus long que le limbe et au delà, dépassant les stipules. Celles-ci sont hérissées de poils, comme les feuilles, toujours pinnatifides, à 3-5 lobes, et décroissantes vers la partie inférieure de la plante, où elles sont réduites à un seul petit lobe sétacé. Dans le *V. Sagoti*, au contraire, les feuilles ont leur limbe toujours plus ou moins rétréci en pétiole, et le pétiole par conséquent n'est pas égal, mais toujours insensiblement élargi vers le haut, même dans les feuilles primordiales qui sont rarement un peu en cœur à la base. Les feuilles sont aussi plus atténuées au sommet; elles sont généralement plus petites, à crénelures moins

arrondies , et plus brièvement pétiolées. Ces caractères la rapprochent du *V. vivariensis* ; mais
ses stipules toujours pinnatifides à 3-7 lobes ; ses
pétales beaucoup plus longs que les sépales , larges et obovés , comme dans le *V. rothomagensis* ,
et de couleur peu différente ; son éperon assez
court , un peu courbé , obtus , peu ou point comprimé , l'en distinguent parfaitement. Le *V. vivariensis* a les stipules presque toutes exactement palmatifides, à 7-10 lobes, les pétales fort étroits, et
l'éperon très-comprimé latéralement et plus aminci
que dans aucune autre espèce, à ma connaissance.

D'après les judicieuses observations que M. Sagot
m'a transmises au sujet de sa plante, son mode
de végétation est absolument le même que celui
des *V. vivariensis* et *rothomagensis* , et elle doit
prendre place à côté de ces deux espèces. Elle
croît dans les montagnes des Cévennes à une
hauteur de 900 à 1200 mètres, parmi les mois-
sons, et dans les lieux secs et pierreux des terrains
granitiques. Les échantillons que M. Sagot m'a
remis ont été récoltés par lui sur le versant mé-
ridionnal de l'Aigual, en allant de la Serairez à la
baraque à Michel , (Gard) , où elle abonde.

Je possède encore deux autres *Viola*, appar-
tenant au même groupe, qui pourront aussi être
distingués comme espèces, et qui, par cette raison,
méritent d'être signalés ici.

Le premier, qui provient des montagnes aux environs d'Ahun (Creuse), d'où je l'ai reçu de M. Pailloux, est assez voisin du *V. Sagoti*, mais il me paraît différer par ses feuilles supérieures plus allongées et plus aiguës. Ses stipules sont également pinnatifides, mais leurs lobes sont aussi plus longs et plus aigus. Ses fleurs sont à peu près de la même couleur, d'un violet bleuâtre, quelquefois très-pâle. La forme des pétales est peu différente, mais les sépales sont bien plus acuminés. Si cette plante est réellement distincte du *V. Sagoti* et se maintient par la culture, comme j'ai lieu de le croire, je propose de la nommer *V. Paillouxi*.

Le second *Viola*, que j'ai récolté dans les Hautes-Pyrénées, en allant de Bagnères-de-Bigorre à Bagnères-de-Luchon, entre Gripp et Arreau, près du Col, se rapproche davantage du *V. vivariensis*. Ses stipules sont presque palmatifides, dans la partie inférieure de la plante, et à lobes nombreux, droits, acuminés, écartés. Ses feuilles supérieures sont acuminées. Ses fleurs sont entièrement jaunes, assez pâles, à pétales bien plus larges que dans le *V. vivariensis*, à éperon plus court et plus obtus, ne dépassant pas les appendices du calice. Sa graine est longue de 1 3/4 mill. sur 7/8 mill. de large. Sa pubescence est la même. Cette plante est un peu cespiteuse comme le *V. vivariensis*, mais

n'est certainement pas vivace et appartient au
même groupe. Je lui donnerai le nom de *V.
monticola*.

Le *V. saxatilis* Schmidt paraît assez voisin des
espèces que je viens de signaler, mais il en est certainement très-distinct, comme cela résulte de la
description donnée par l'auteur de l'espèce dans
son Flora bohemica, cent. 3, p. 60. En effet, il a
la tige et les feuilles entièrement glabres. Ses feuilles
sont obtuses, à crénelures arrondies et à limbe
longuement atténué en pétiole ; ses stipules pinnatifides ; ses fleurs jaunes, très-grandes, à pétale
inférieur très-élargi et à éperon court et conique.
S'il est réellement vivace, comme le dit Schmidt,
je crois que c'est bien à tort qu'on l'a rapproché
du *V. tricolor*. Il doit évidemment, malgré ses stipules pinnatifides, appartenir au troisième groupe
de *Viola* dont il me reste à parler.

Le troisième groupe que je propose, comprend
les *Viola* à racine vraiment vivace, émettant des
tiges nombreuses couchées et filiformes à la base,
puis redressées, à feuilles très-peu dissemblables,
les supérieures rarement plus étroites que les inférieures, à cotylédons rétrécis en pétiole, comme
dans le groupe précédent. Ce sont des plantes
qui croissent pour la plupart dans les prairies
alpines, ou subalpines : telles sont les *V. sudetica* W.
et *calcarata* L., et plusieurs autres encore confon-

dues avec elles. Quelques-unes , telles que les *V.*
cenisia All. et *hummularifolia* All., habitent les régions les plus élevées des Alpes.

Je ne donnerai pas plus de détails sur ce groupe
qui me paraît mériter une étude à part , et sur
lequel je me propose de revenir.

Explication de la premiére planche.

FIG. A. VIOLA PALLESCENS (N.).

1. La plante entière de grandeur naturelle.
2. Fleur, vue par devant.
3. Fleur, vue de côté.
4, 5, 6. Sépales.
7. Pétale supérieur.
8. Pétale intermédiaire.
9. Pétale inférieur avec son éperon.
10. Le même, vu de côté.
11. Anthère grossie.
12. Ovaire, style et stigmate, grossis.
13. Capsule entourée par les sépales.
14. La même, isolée.
15. Graine de grandeur naturelle.
16. La même, grossie.
17. Cotylédon.
18. Feuille et stipule.

FIG. B. VIOLA SEGETALIS (N.).

1, à 18. Les mêmes organes que dans la fig. A.

FIG. C. VIOLA NEMAUSENSIS (N.).

1, à 18. Les mêmes organes que dans la fig. A

Explication de la deuxième planche.

FIG. A. VIOLA AGRESTIS (N.).

1, à 18. Les mêmes organes que dans la fig. A. de la première planche.

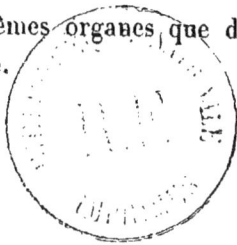

19. Stipule et feuille prises dans le haut de la plante.

FIG. B. VIOLA GRACILESCENS (N.).

1, à 18. Les mêmes organes que dans la fig. A. de la première planche.

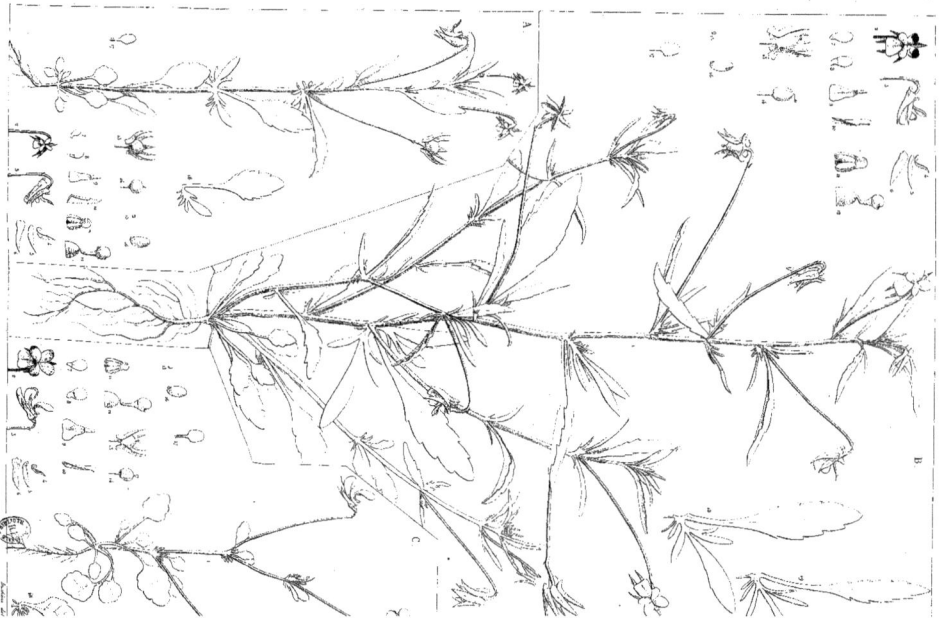

www.ingramcontent.com/pod-product-compliance
Lightning Source LLC
Chambersburg PA
CBHW071431200326
41520CB00014B/3659